NONGWANG RENSHEN SHANGWANG SHIGU
DIANXING ANLI 3D TUCE

农网人身伤亡事故典型案例

主　编　郭瑜
副主编　李杨　郭韬

中国电力出版社
CHINA ELECTRIC POWER PRESS

内 容 提 要

为进一步提高农电工的安全生产、自我保护意识，杜绝"有章不循、有规不依"的现象，本图册选录了近十几年来农网施工作业中的15起人身伤亡事故典型案例，包括触电事故案例7起、高处坠落事故案例5起、倒杆事故案例3起，以3D写实手法再现了事故的发生过程，并从事故原因、防范措施、《国家电网公司电力安全工作规程》相关规定三个方面分别对各个案例进行分析，其中部分案例嵌入了视频二维码，只需扫描二维码，事故即可立即展现于眼前，以期对广大施工作业人员起到警示作用。

本图册可供从事农网施工改造、运维检修的相关管理、技术人员及广大农电工使用，还可以作为配电线路运维检修工的安全培训教材。

图书在版编目（CIP）数据

农网人身伤亡事故典型案例 3D 图册／郭瑜主编． — 北京：中国电力出版社，2016.4
ISBN 978-7-5123-8949-6

Ⅰ.①农… Ⅱ.①郭… Ⅲ.①农村配电–电力系统–工伤事故–案例–图解 Ⅳ.①TM727.1-64

中国版本图书馆CIP数据核字（2016）第 034970 号

中国电力出版社出版、发行
（北京市东城区北京站西街 19 号　100005　http://www.cepp.sgcc.com.cn）
北京博图彩色印刷有限公司印刷
各地新华书店经售

＊

2016 年 4 月第一版　　2016 年 4 月北京第一次印刷
880 毫米 × 1230 毫米　32 开本　3.625 印张　92 千字
印数 0001—3000 册　　定价 **26.00** 元

编 委 会

前　言

　　新的《安全生产法》已于 2014 年 12 月 1 日正式实施，确立了"安全第一、预防为主、综合治理"的十二字安全生产工作方针，安全生产工作层次得到大大提升，它不再局限于安全生产领域，也不再是经济发展的附属品。

　　随着工业化、城镇化的快速推进，各个村镇已经进入火热的电网改造之中，由于农网施工工程工作量大、作业面分散、人员分布广，施工作业安全风险较大，有的施工作业班组为赶工程进度，"有章不循、有规不依"的现象比较突出和普遍，习惯性违章行为屡禁不止，安全意识淡薄，作业现场保证安全的组织措施和技术措施不到位，存在很大的安全隐患。生产安全事故易发多发，甚至导致人身死亡事故。

　　天灾无法避免，人祸一定要防，为深刻吸取以往血淋淋的事故教训，本书特选录十余年来农电系统 15 起人身伤亡事故典型案例，其中触电事故案例 7 起、高处坠落事故案例 5 起、倒杆事故案例 3 起，利用三维技术手段表现农网人身伤亡事故的发生、发展过程，由文字展示传统的事故案例经过转化为立体的、富有表现力的虚拟三维画面（写实风格）展示，易于广大农电员工的理解和沟通。并对事故原因、防范措施进行了分析，列出了与事故相关的《国家电网公司电力安全工作规程（配电部分）（试行）》相关规定，以帮助大家在农网施工中借鉴并加深对《国家电网公司电力安全工作规程（配电部分）（试行）》的学习和理解。

　　习近平总书记多次提出，安全生产"人命关天，发展决不能以牺牲人的生命为代价。这必须作为一条不可逾越的红线"。希望这些典型事故案例分析能够提高农电工的自我保护意识和反习惯性违章能力，务求人人做到：不伤害自己，不伤害他人，不被他人伤害，不漠视他人被伤害。

由于编写人员水平有限，案例分析中存在不妥之处在所难免，敬请广大读者批评指正！

编　者

2016 年 2 月

Contents 目 录

第一章　触电事故

案例1　误停线路，触电死亡

▼ 10kV 东永线接线示意图如下图所示。

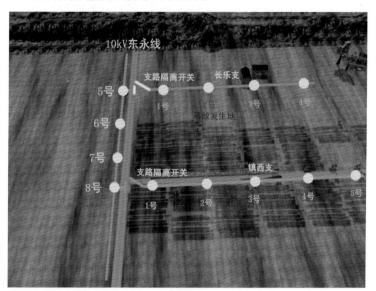

◀ 2007 年 4 月
13 日，某县供
电公司计划进行
10kV 东永线长
乐支线 2 号杆
的缺陷处理。

▶ 工作负责人王某安排孙某、刘某拉开东永线5号杆长乐支线T接处支路隔离开关。

▶ 但孙某、刘某却来到东永线8号杆镇西支线处,拉开了镇西支线T接处支路隔离开关。

◀ 之后孙某、刘某来到长乐支线2号杆处，在没有验电、挂接地线的情况下，王某安排刘某登杆，孙某负责地面工作。

◀ 当刘某登杆到工作位置开始工作时，触及C相导线导致触电，经抢救无效死亡。

一、事故原因

（1）停电错误。工作班成员孙某、刘某对线路设备不熟悉，走错了位置，操作前也没有认真核对线路名称，误认为东永线 8 号杆就是东永线 5 号杆，操作拉开东永线 8 号杆 T 接处支路隔离开关。

（2）工作负责人王某管理违章，违章指挥，监护不到位。在错误停电、没有完成现场安全措施（在施工作业的线路有可能来电的各侧验电、接地）的情况下，安排刘某登杆工作。

（3）工作班成员孙某行为违章。在没有检查核实正在施工作业的线路有可能来电的各侧接地的情况下，盲目登杆作业，触及带电的 10kV 线路。

二、防范措施

（1）严格执行《国家电网公司电力安全工作规程（配电部分）（试行）》的规定，必须在工作地段有可能来电的各侧验电、接地后方可开始工作。

（2）严格执行《国家电网公司电力安全工作规程（配电部分）（试行）》5.2.6.1 条"倒闸操作前，应核对线路名称、设备双重名称和状态"。

（3）倒闸操作接发令时和操作时需全过程录音，操作人和操作监护人操作前调听录音，共同检查核对现场设备名称、编号和断路器、隔离开关的断、合位置正确。操作全过程执行监护复诵制。

（4）严格执行《国家电网公司电力安全工作规程（配电部分）（试行）》1.2 条"任何人发现有违反本规程的情况，应立即制止，经纠正后方可恢复作业。作业人员有权拒绝违章指挥和强令冒险作业；在发现直接危及人身、电网和设备安全的紧急情况时，有权停止作业或者在采取可能的紧急措施后撤离作业场所，并立即报告"、3.5 条"工作监护制度"3.5.1 条"工作许可后，工作负责人、专责监护人应向工作班成员交待工作内容、人员分工、带电部位和现场安全措施，告知危险点，并履行签名确认手续，方可下达开始工作的命令"、3.5.2 条"工作负责人、专责监护人应始终在工作现场"、3.5.4 条"工作票签发人、工作负责人对有触电危险、检修（施工）复杂容易发生事故的工作，应增设专责监护人，并确定其监护的人员和工作范围"及 3.3.12.2 条中对工作负责人的规定，切实落实工作监护制度。

（5）加强《国家电网公司电力安全工作规程（配电部分）（试行）》教育培训，提高全体员工安全思想意识和安全技能，强化全体员工遵章守纪执行力，及时纠正违章，严格考核违章。

三、《国家电网公司电力安全工作规程（配电部分）（试行）》相关规定

5.2.6.1　倒闸操作前，应核对线路名称、设备双重名称和状态。

5.2.6.2　现场倒闸操作应执行唱票、复诵制度，宜全过程录音。操作人应按操作票填写的顺序逐项操作，每操作完一项，应检查确认后做一个"√"记号，全部操作完毕后进行复查。复查确认后，受令人应立即汇报发令人。

6.6.7　与带电线路平行，邻近或交叉跨越的线路停电检修，应采取以下措施防止误登杆塔：

（1）每基杆塔上都应有线路名称、杆号。

（2）经核对停电检修线路的名称、杆号无误，验明线路确已停电并挂好地线后，工作负责人方可宣布开始工作。

（3）在该段线路上工作，作业人员登杆塔前应核对停电检修线路的名称、杆号无误，并设专人监护，方可攀登。

3.5.1　工作许可后，工作负责人、专责监护人应向工作班成员交待工作内容、人员分工、带电部位和现场安全措施，告知危险点，并履行签名确认手续，方可下达开始工作的命令。

3.3.12.2　工作负责人：

（1）正确组织工作。

（2）检查工作票所列安全措施是否正确完备，是否符合现场实际条件，必要时予以补充完善。

（3）工作前，对工作班成员进行工作任务、安全措施交底和危险点告知，并确认每个工作班成员都已签名。

（4）组织执行工作票所列由其负责的安全措施。

（5）监督工作班成员遵守本规程、正确使用劳动防护用品和安全工器具以及执行现场安全措施。

5.2.2.1　……监护操作，是指有人监护的操作。

（1）监护操作时，其中对设备较为熟悉者做监护。

4.3.1　……"配电线路和设备停电检修，接地前，应使用相应电压等级的接触式验电器或测电笔，在装设接地线或合接地刀闸处逐相分别验电"。

4.4　接地。

4.4.1　当验明确已无电压后，应立即将检修的高压配电线路和设备接地并三相短路，工作地段各端和工作地段内有可能反送电的各分支线都应接地。

1.2　任何人发现有违反本规程的情况，应立即制止，经纠正后方可恢复作业。作业人员有权拒绝违章指挥和强令冒险作业；在发现直接危及人身、电网和设备安全的紧急情况时，有权停止作业或者在采取可能的紧急措施后撤离作业场所，并立即报告。

案例 2　巡视违章，误碰带电导线，触电死亡

▲ 2011 年 4 月 17 日 22 时，某供电公司接到客户的报修电话。

▲ 工作负责人薛某带领工作人员贾某和陈某前去抢修。

▶ 23时，三人到达364桥其线主线5号杆柱上油断路器下，此时薛某、贾某检查发现断路器在分闸位置。

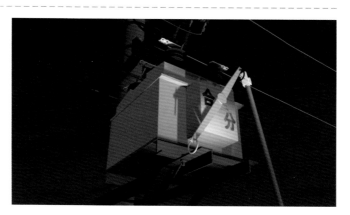

◀ 试送开关未成功，但试送时，薛某发现 364 桥其线主线 6 号杆两侧导线摆动较大。

◀ 于是薛某、贾某和陈某来到 364 桥其线主线 6 号杆处。

▶ 薛某安排贾某单独登杆检查6号杆绝缘子有无击穿破裂情况，自己和陈某去检查7号杆。

▶ 贾某登杆后，在不验电、不采取任何安全措施的情况下就对绝缘子进行检查。

◀ 在检查 C 相绝缘子时，贾某右手触及 C 相导线，导致触电，经抢救无效死亡。

一、事故原因

（一）直接原因

作业人员贾某安全意识淡薄，自我保护意识差，严重违章、违规，冒险蛮干，在未采取任何安全防护措施的情况下，在无监护状态下登杆检查，未保持与导线的安全距离，触及 10kV 带电线路，直接导致本次事故的发生。

（二）间接原因

（1）工作负责人薛某（现场监护人）严重管理违章。工作负责人薛某违反《国家电网公司电力安全工作规程（配电部分）（试行）》"5.1.4 ⋯⋯事故巡线应始终认为线路带电，保持安全距离"和"5.1.8 单人巡视，禁止攀登杆塔和配电变压器台架"的规定，事故巡线时，安排贾某单独登杆，没有认真执行监护制度，未切实履行监护职责。

（2）行为违章。贾某违反《国家电网公司电力安全工作规程（配电部分）（试行）》"5.1.4 ⋯⋯事故巡线应始终认为线路带电，保持安全距离⋯⋯"和"5.1.8 单人巡视，禁止攀登杆塔和配电变压器台架"的规定，事故巡线时单独登杆检查。

二、防范措施

（1）事故巡线严格执行《国家电网公司电力安全工作规程（配电部分）（试行）》"5.1.4 ……事故巡线应始终认为线路带电，保持安全距离……"和"5.1.8 单人巡视，禁止攀登杆塔和配电变压器台架"的规定。

（2）10kV线路断路器跳闸后，在故障未查明前，不得向线路试送电，更不允许用柱上开关对事故线路分段试送电。

（3）严格执行工作监护制度。监护人对工作人员的生命安全负有重要责任，工作人员登杆作业时，决不允许失去监护，严禁工作人员擅自登杆。监护人对登杆作业人员必须进行全过程监护，作业中间不允许中断监护。

（4）加强《国家电网公司电力安全工作规程（配电部分）（试行）》教育培训，提高全体员工安全思想意识和安全技能，强化全体员工遵章守纪执行力，及时纠正违章，严格考核违章。

三、《国家电网公司电力安全工作规程（配电部分）（试行）》相关规定

5.1.4 ……事故巡线应始终认为线路带电，保持安全距离……。

5.1.8 单人巡视，禁止攀登杆塔和配电变压器台架。

3.5.2 工作负责人、专责监护人应始终在工作现场。

案例 3　冒险蛮干，假断电导致触电重伤

▲ 2010 年 7 月 30 日，某供电营业所进行迁移 10kV 汉屏线平屏支线 1 号杆拉线的工作。

▲ 工作负责人在未签发工作票和派工单的情况下就进入工作现场，由于是支线停电，供电营业所未与线路值班室取得联系。

▶ 10kV 平屏线 1 号杆是一根转角杆，杆上装有一台台架式变压器，由于 10kV 平屏线是 10kV 汉屏线 24 号杆 T 接的一条支线，T 接点装有一组高压跌落式熔断器。

▶ 到达工作现场后，由村电工周某实施停电操作。

▶ 周某首先拉开 10kV 平屏支线 1 号杆配电变压器的高压跌落式熔断器。

◀ 在拉开10kV汉屏线24号杆支路高压跌落式熔断器时，由于A相跌落式熔断器接触很紧，拉不开，就只拉开了B、C相跌落式熔断器。

▶ 此时周某误认为已拉开的B、C相已无电，且10kV平屏线1号杆上的工作就只是装一副拉线抱箍而已，他完全有把握避开带电的A相，只在B、C相工作，于是周某就急忙走向平屏支线1号杆。

▶ 周某违章登杆，工作负责人郭某知道后也未予以制止。

◀ 由于 10kV 平屏支线后段还接有未拉开的配电变压器，未拉开的 A 相通过与后端配电变压器高压绕组的耦合，使 B、C 相仍然带电。

◀ 17 时 50 分，C 相导线对周某颈部放电，造成周某手、脚电弧烧伤。

一、事故原因

（1）10kV汉屏线24号杆支路三相跌落式熔断器有一相未拉开（A相），是造成此次事故的直接原因。

（2）作业前在工作地点未按《国家电网公司电力安全工作规程（配电部分）（试行）》的要求验电，装设接地线。

（3）工作现场严重违章，未严格执行《国家电网公司电力安全工作规程（配电部分）（试行）》"3.3.2 填用配电第一种工作票的工作。配电工作，需要将高压线路、设备停电或做安全措施者"的规定，工作中未办理工作票、派工单和工作许可手续，同时工作负责人也未组织工作班人员开展现场危险点分析与控制工作。

（4）工作负责人郭某严重失职，对周某在一系列违章情况下的登杆作业毫无反应，不批评、不制止，未认真遵守《国家电网公司电力安全工作规程（配电部分）（试行）》中规定的"工作负责人（监护人）必须始终在工作现场，对工作班人员的安全认真监护，及时纠正违反安全的动作"。

（5）工作班成员周某技术水平低，误认为拉开了汉屏线24号杆T接处B、C相跌落式熔断器后，B、C相线路就无电（由于汉屏线24号杆支路跌落式熔断器A相未拉开，使10kV平屏支线A相仍带电并通过与10kV平屏支线后断还未拉开的配电变压器的高压绕组的耦合，使B、C相仍然带电），工作人员安全意识淡薄，对工作中暴露出的问题未引起足够的重视，发现的安全隐患未采取行之有效的措施；在未严格执行保证安全的技术措施（停电、验电、挂接地线）的情况下，冒险登杆作业。

二、防范措施

（1）严格执行保障安全的验电接地技术措施（工作地，应停电的线路和设备，应三相全停，三相验电接地），工作负责人和工作班成员必须确认安全措施已落实后方可进行作业。停电操作时，如发现高压熔断器（高压隔离开关）有拉不开的情况，最好是工作班成员汇报给工作负责人，由工作负责人请示工作许可人（线路调度员），在办理完相关手续后停止一级电源，修复（或更换）高压熔断器（高压隔离开关）后再操作，以确保安全。

（2）配电工作严格执行《国家电网公司电力安全工作规程（配电部分）（试行）》"3.3.2 填用配电第一种工作票的工作。配电工作，需要将高压线路、设备停电或做安全措施者"的规定，严禁无票工作。

（3）工作负责人切实落实工作监护制度。

（4）加强《国家电网公司电力安全工作规程（配电部分）（试行）》教育培训，提高全体员工安全思想意识和安全技能，强化全体员工遵章守纪执行力，及时纠正违章，严格考核违章。

三、《国家电网公司电力安全工作规程（配电部分）（试行）》相关规定

4.2 停电。

4.2.1 工作地点，应停电的线路和设备。

4.2.1.1 检修的配电线路或设备。

4.2.1.2 与检修配电线路、设备相邻且安全距离小于表 4-1 规定的运行线路或设备。

4.2.1.3 大于表 4-1、小于表 3-1 规定且无绝缘遮蔽或安全遮栏措施的设备。

表 4-1　　作业人员工作中正常活动范围与高压线路、设备带电部分的安全距离

电压等级（kV）	安全距离（m）
10 及以下	0.35
20、35	0.60

4.2.1.7 其他需要停电的线路或设备。

4.2.2 检修线路、设备停电，应把工作地段内所有可能来电的电源全部断开（任何运行中星形接线设备的中性点，应视为带电设备）。

4.4 接地。

4.4.1 当验明确已无电压后，应立即将检修的高压配电线路和设备接地并三相短路，工作地段各端和工作地段内有可能反送电的各分支线都应接地。

4.4.7 作业人员应在接地线的保护范围内作业。禁止在无接地线或接地线装设不齐全的情况下进行高压检修作业。

3.3.2 填用配电第一种工作票的工作。配电工作，需要将高压线路、设备停电或做安全措施者。

3.3.1 配电线路和设备上工作，可按下列方式进行。

3.3.1.1 填用配电第一种工作票（见附录B）。

3.4.4 填用配电第一种工作票的工作，应得到全部工作许可人的许可，并由工作负责人确认工作票所列当前工作所需的安全措施全部完成后，方可下令开始工作。所有许可手续（工作许可人姓名、许可方式、许可时间等）均应记录在工作票上。

3.3.12.4 专责监护人：

（1）明确被监护人员和监护范围。

（2）工作前，对被监护人员交待监护范围内的安全措施、告知危险点和安全注意事项。

（3）监督被监护人员遵守本规程和执行现场安全措施，及时纠正被监护人员的不安全行为。

3.5 工作监护制度。

3.5.1 工作许可后，工作负责人、专责监护人应向工作班成员交待工作内容、人员分工、带电部位和现场安全措施，告知危险点，并履行签名确认手续，方可下达开始工作的命令。

3.5.2　工作负责人、专责监护人应始终在工作现场。

3.5.4　工作票签发人、工作负责人对有触电危险、检修（施工）复杂容易发生事故的工作，应增设专责监护人，并确定其监护的人员和工作范围。

专责监护人不得兼做其他工作。专责监护人临时离开时，应通知被监护人员停止工作或离开工作现场，待专责监护人回来后方可恢复工作。专责监护人需长时间离开工作现场时，应由工作负责人变更专责监护人，履行变更手续，并告知全体被监护人员。

1.2　任何人发现有违反本规程的情况，应立即制止，经纠正后方可恢复作业。作业人员有权拒绝违章指挥和强令冒险作业；在发现直接危及人身、电网和设备安全的紧急情况时，有权停止作业或者在采取可能的紧急措施后撤离作业场所，并立即报告。

案例 4　现场未勘察擅自送电，导致施放导线与带电线路接近，造成群伤

▲ 2012 年 9 月 12 日，某供电公司外包施工队进行杨柳村低压电网改造工作。

▲ 7 时 00 分，停用了对该村供电的配电变压器，并在配电变压器上悬挂了"禁止合闸，线路有人工作"的标示牌。

◄ 10 时 10 分，完成该村主干线施工，接着放分支线。

▶ 施工过程中，在该村支书家建房的施工员对工作负责人说需要用电。现场工作人员碍于情面，没有经过现场查勘，只是口头询问村主任正在施工的分支线与旧线路有没有交叉跨越的地方，当时村主任回答"没有"。

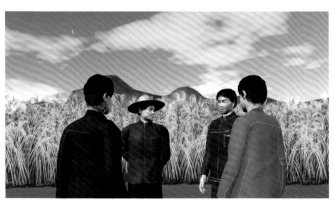

◀ 于是工作人员把接地线和标示牌取下，并于 10 时 30 分对配电变压器送电，恢复旧线路的供电。

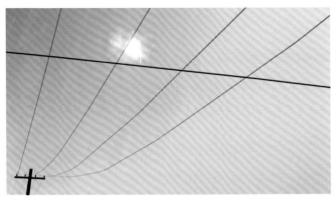

▶ 由于没有通知现场正在施工的人员旧线已带电，现场施工人员在施工中放线跨越旧线时，造成在一旁拉线和放线的 6 名民工被电击晕的群伤事故。

一、事故原因

（1）违章指挥，误送电。工作负责人严重违反《国家电网公司电力安全工作规程（配电部分）（试行）》及《国家电网公司电力安全工作规程（线路部分）》的现场勘察，工作终结及恢复送电相关规定，对现场不熟悉，贪图省事，恢复旧线路供电前未进行现场勘察，也不核实清楚正在施工的分支线的工作情况，只是口头询问他人（村主任）正在施工的分支线与旧线路有没有交叉跨越的地方，对方回答没有，就在未履行工作许可手续、线路工作还没有终结、所有工作人员还在现场放线的情况下，擅自将工地上的接地线及警示牌全部拆除（使现场施工人员失去安全措施的保护），强行送电。如此明显的违规操作，但碍于面子，没有一个人提醒，没有一个人站出来阻止。

（2）现场管理混乱，违反《国家电网公司电力安全工作规程（配电部分）（试行）》3.5.2"工作负责人、专责监护人应始终在工作现场"的规定。工作负责人未认真履行安全职责，没在施工现场且未与现场施工人员进行有效沟通，未能发现施工中的安全隐患，也未采取可靠、有效和超前预防的防护隔离措施。

（3）配电变压器周围工作人员安全意识淡薄，未严格执行《国家电网公司电力安全工作规程（配电部分）（试行）》及《国家电网公司电力安全工作规程（线路部分）》关于停电的规定，违反国家电网公司电力安全工作规程（配电部分）》规定的工作班成员的安全责任，没有及时制止工作班内工作人员的不安全行为。

（4）分支线施工人员安全意识淡薄，自我保护能力差，在交叉跨越线路工作时，对现场未采取任何安全措施的情况视而不见，施放的导线未与邻近的带电导线保持足够的安全距离，导致施放的导线与带电线路接近，造成触电。

二、防范措施

（1）工作未终结，严禁拆除工作地段所挂的接地线及标示牌。

（2）工作人员在找到工作许可人的明确允许送电指令后，方可向线路恢复送电。

（3）交叉档内松紧、降低或架设导线工作时，应设专责监护人，当停电检修线路在带电线路下方时，要采用压线滑轮、控制绳等措施防止导线跳动或过牵引而与带电导线接近至危险距离以内。在带电线路上方对停电线路进行放松或架设导线、地线以及更换绝缘子等工作时，要有防止导线、地线脱落或滑跑的后备保护，并严格控制与带电导线的安全距离满足《国家电网公司电力安全工作规程（配电部分）（试行）》中表 5-1 的规定。在同杆塔架设多回线路上、下层线路带电，上层线路停电作业时，不得进行放、撤导线和地线的工作。

（4）在工作票签发前，工作票签发人和工作负责人一定要共同到施工现场踏勘，特别要注意交叉跨越线路、同杆不同电源、自备电源、道路交通等情况，确定施工方案，制订施工安全措施，然后才能签发工作票，未经现场查勘一律不得签发工作票。

（5）根据现场勘察结果和具体工作任务，制订合理的施工方案，编制施工组织措施、技术措施、安全措施，杜绝违章作业和习惯性违章。特别在工作现场环境复杂、各类施工人员对工作现场环境不熟悉的情况下，更要认真、严肃核对施工现场的安全措施，做到万无一失。

（6）开工前，工作负责人必须召集工作班全体人员、召开班前会，对工作班人员的精神状态、个人安全工器具、着装是否符合安全工作要求进行检查，并交待清楚当天的工作任务、危险点和所采取的安全措施、安全注意事项和施工作业技术要求及质量要求，在工作班人员已完全领会"三查（查衣着、查三宝、查精神状况）、三交（交任务、交安全交技术）"全部内容后，要履行确认签名手续。

（7）工作负责人在得到调度员或工作许可人许可后，必须做好停电、验电、挂接地线、悬挂标示牌、设置围栏及其他安全措施。

（8）工作开始后，特别是高空作业时工作监护人要做到全过程监护，不得随意施工作业或离开工作现场，及时纠正作业人员的不规范和不安全行为，坚决制止违章作业。

（9）甲方应加强对外包施工队伍资质审查、安全管理特别是现场安全监督，力求做到防患于未然。乙方应加强对本队伍的安全教育与安全管理，提高其群体安全意识。甲乙双方都应严格贯规，共同遵守《电业工作安全规程》及共同签订的《安全协议》。建立开工报告制度，乙方开工必须应有派工单，乙方在施工中严格执行保证安全的组织措施与技术措施。严格查勘设计技术交底不能流于形式，必须全面准确、突出危险点且做好记录，甲乙双方应共同签字严把交底关。甲方加强对施工队伍的现场安全管理及施工质量监督，并应做好记录，强化验收把关制度不得将任何安全隐患移交到甲方。

三、《国家电网公司电力安全工作规程》相关规定

（一）《国家电网公司电力安全工作规程（线路部分）》相关规定

5.7.4 工作许可人在接到所有工作负责人（包括用户）的完工报告，并确认全部工作已经完毕，所有作业人员已由线路上撤离，接地线已经全部拆除，与记录核对无误并做好记录后，方可下令拆除安全措施，向线路恢复送电。

（二）《国家电网公司电力安全工作规程（配电部分）（试行）》相关规定

3.2.3 现场勘察应查看现场检修（施工）作业需要停电的范围、保留的带电部位、装设接地线的位置、邻近线路、交叉跨越、多电源、自备电源、地下管线设施和作业现场的条件、环境及其他影响作业的危险点，并提出针对性的安全措施和注意事项。

3.7 工作终结制度。

3.7.1 工作完工后，应清扫整理现场，工作负责人（包括小组负责人）应检查工作地段的状况，确认工作的配电设备和配电线路的杆塔、导线、绝缘子及其他辅助设备上没有遗留个人保安线和其他工具、材料，查明全部工作人员确由线路、设备上撤离后，再命令拆除由工作班自行装设的接地线等安全措施。接地线拆除后，任何人不得再登杆工作或在设备上工作。

3.7.2 工作地段所有由工作班自行装设的接地线拆除后，工作负责

人应及时向相关工作许可人（含配合停电线路、设备许可人）报告工作终结。

3.5.1 工作许可后，工作负责人、专责监护人应向工作班成员交待工作内容、人员分工、带电部位和现场安全措施，告知危险点，并履行签名确认手续，方可下达开始工作的命令。

6.6.3 若停电检修的线路与另一回带电线路交叉或接近，并导致工作时人员和工器具可能和另一回线路接触或接近至表 5-1 规定的安全距离以内，则另一回线路也应停电并接地。若交叉或邻近的线路无法停电时，应遵守本规程 6.6.4～6.6.7 条的规定。工作中应采取防止损伤另一回线路的措施。

6.6.4 邻近带电线路工作时，人体、导线、施工机具等与带电线路的距离应满足表 5-1 的规定，作业的导线应在工作地点接地，绞车等牵引工具应接地。

6.6.5 在带电线路下方进行交叉跨越档内松紧、降低或架设导线的检修及施工，应采取防止导线跳动或过牵引与带电线路接近至表 5-1 规定的安全距离的措施。

表 5-1 邻近或交叉其他高压电力线工作的安全距离

电压等级（kV）	安全距离（m）	电压等级（kV）	安全距离（m）
10 及以下	1.0	± 50	3.0
20、35	2.5	± 400	8.2
66、110	3.0	± 500	7.8
220	4.0	± 660	10.0
330	5.0	± 800	11.1
500	6.0		
750	9.0		
1000	10.5		

6.6.6 停电检修的线路若在另一回线路的上面，而又必须在该线路不停电情况下进行放松或架设导线、更换绝缘子等工作时，应采取作业人员充分讨论后经批准执行的安全措施。措施应能保证：

（1）检修线路的导、地线牵引绳索等与带电线路的导线应保持表 5-1 规定的安全距离。

（2）要有防止导、地线脱落、滑跑的后备保护措施。

案例5 危险点交待不清，擅自扩大 工作范围，触电重伤

▲ 2009年3月17日，某供电公司外包单位施工队按停电计划进行10kV西城一回1~29号杆横担油漆工作。现场工作人员根据工作许可人的工作许可，在西城一回1号杆和29号杆上挂了1号和2号两组工作接地线。

◀ 9 时 50 分，工作负责人唐某向工作班组交待工作任务、安全措施及注意事项后，安排何某、李某为一小组，负责 1~29 号杆横担油漆工作，何某为工作监护人，李某为杆上作业人。

◀ 何李二人到达现场后，发现油漆不够，何某去取油漆，李某拿上作业工机具和半桶油漆前往杆上作业。

▶ 李某在途经 30 号杆时，发现 30 号杆的隔离开关已拉开。

▶ 因而，李某认为 30 号杆已经停电，在未弄清工作任务及停电范围、无人监护的情况下，攀登 30 号杆左杆进行油漆工作。

◀ 李某在完成左杆的油漆工作后，转移到右杆工作（30号杆后段由10kV西城二回供电）。

◀ 工作中，由于右脚与开关引下线的中相距离不够，造成放电。李某被立即送往医院救治，但受伤严重只得将其右脚膝关节截肢。

一、事故原因

（1）作业人员安全意识淡薄、缺乏安全自保能力和作业中风险辨识能力，工作随意性大。在不清楚自己的工作任务、范围和职责的情况下，擅自扩大工作范围越权登杆，未在接地线保护范围内工作。

（2）工作监护人临时离开时，未通知被监护人员停止工作或离开工作现场，造成作业人员失去监护。

（3）工作现场安全管理混乱。

1）班前会布置安全工作不具体，工作负责人没有把容易造成事故的工作环境、工作环节的危险点讲清楚；未提醒工人有针对性地采取防范措施。

2）在制订有关安全措施时没有针对线路施工的具体情况由各方进行充分研究并提出全面、系统的安全措施，没有针对各小组的安全要求，对现场工作人员做出具体明确规定。

3）班前会流于形式，工作票中明确指出 30 号杆不能工作，而实际上工作人员并不清楚。

二、防范措施

（1）开工前作业班组要落实三个交待，在召开班前会时，布置生产任务的同时，必须详细交待当天作业的工作内容和作业部位存在的危险点及其防范措施和安全注意事项。工作负责人在工作过程中要加强检查，及时帮助岗位人员处理生产现场存在的事故隐患；多班组工作时，开工前工作负责人向分组负责人进行现场安全技术交底，再由分组负责人根据本小组的地点环境向各自工作小组成员进行现场安全技术交底。

（2）即使是两个人的工作，也必须明确指定工作负责人（监护人）。到作业现场后，工作负责人未向工作班人员交待现场安全措施、带电部位（危险点）和安全注意事项不能下令开工，并要求在控制措施的签字栏签字。工作人员应树立强烈的安全意识和自保互保意识，不清楚现场情况不能开始作业。严禁工作人员在无监护状态下作业，要从组织措施上保证有经验和技术水平高的人担任监护人，严禁新人监护老人，低级工监护高级工。

（3）在生产、大修、小修、技术改造工作中，按照配电网线路危险点控制措施的规定，工作负责人和工作票签发人一定要深入现场，确定工作任务和工作危险点，然后制订切实可行的方案。对班组查找出的危险点和控制防范措施进行确认，并加以补充和完善，以保证员工在作业全过程中的人身和设备安全。

（4）根据线路专业检修点多、面广的特点，采取现场巡回监察和定位监察相结合来保证危险点控制措施落到实处。生产技术专责人员一方面坚持深入现场，进行经常性的检查监督，及时发现作业中的危险点，督促检修人员加以控制；另一方面坚持跟班作业制度，实施全过程的安全监督。

（5）危险点树立标示牌，时刻告知现场每一位员工危险点的位置，杜绝因人员更换或危险点交待不清楚而导致事故的发生。同时，设置监护人定位标志，使被监护人和其他工作人员能够时刻监督专责监护人的工作，防止专责监护人因其他工作失去监护职责，而导致员工处于无监护的危险状态下工作，从而降低了因为危险点不清晰、监护缺位而导致事故发生的可能性。

（6）现场查勘不到位，施工负责人不在施工现场，一律不得开工。

（7）加强施工队伍的安全培训和教育，对施工队伍的工作票签发人和工作负责人组织培训，提高全体员工安全思想意识和安全技能，强化全体员工遵章守纪执行力，及时纠正违章，严格考核违章。

（8）严格审查外包施工队伍的施工资质、从业员的资格、安全工器具的配置。根据施工队伍存在问题的严重程度，清退一批安全管理不到位、安全工器具配置不规范、人员作业安全意识淡薄的施工队伍。

三、《国家电网公司电力安全工作规程（配电部分）（试行）》相关规定

2.1　作业人员。

2.1.2　具备必要的安全生产知识，学会紧急救护法，特别要学会触电急救。

2.1.3 接受相应的安全生产知识教育和岗位技能培训，掌握配电作业必备的电气知识和业务技能，并按工作性质，熟悉本规程的相关部分，经考试合格后上岗。

2.1.4 参与公司系统所承担电气工作的外单位或外来人员应熟悉本规程；经考试合格，并经设备运维管理单位认可后，方可参加工作。

2.1.5 作业人员应被告知其作业现场和工作岗位存在的危险因素、防范措施及事故紧急处理措施。作业前，设备运维管理单位应告知现场电气设备接线情况、危险点和安全注意事项。

3.2.1 配电检修（施工）作业和用户工程、设备上的工作，工作票签发人或工作负责人认为有必要现场勘察的，应根据工作任务组织现场勘察，并填写现场勘察记录（见附录A）。

3.2.3 现场勘察应查看现场检修（施工）作业需要停电的范围、保留的带电部位、装设接地线的位置、邻近线路、交叉跨越、多电源、自备电源、地下管线设施和作业现场的条件、环境及其他影响作业的危险点，并提出针对性的安全措施和注意事项。

3.3.12.2 工作负责人：

（1）正确组织工作。

（2）检查工作票所列安全措施是否正确完备，是否符合现场实际条件，必要时予以补充完善。

（3）工作前，对工作班成员进行工作任务、安全措施交底和危险点告知，并确认每个工作班成员都已签名。

（4）组织执行工作票所列由其负责的安全措施。

（5）监督工作班成员遵守本规程、正确使用劳动防护用品和安全工器具以及执行现场安全措施。

3.3.11 工作票所列人员的基本条件。

3.3.11.1 工作票签发人应由熟悉人员技术水平、熟悉配电网络接线方式、熟悉设备情况、熟悉本规程，并具有相关工作经验的生产领导、技术人员或经本单位批准的人员担任，名单应公布。

3.3.11.2 工作负责人应由有本专业工作经验、熟悉工作范围内的设备情况、熟悉本规程，并经工区（车间，下同）批准的人员担任，名单应公布。

3.5.1 工作许可后，工作负责人、专责监护人应向工作班成员交待工作内容、人员分工、带电部位和现场安全措施，告知危险点，并履行签名确认手续，方可下达开始工作的命令。

3.5.2 工作负责人、专责监护人应始终在工作现场。

3.5.3 检修人员（包括工作负责人）不宜单独进入或滞留在高压配电室、开闭所等带电设备区域内。若工作需要（如测量极性、回路导通试验、光纤回路检查等），而且现场设备允许时，可以准许工作班中有实际经验的一个人或几人同时在他室进行工作，但工作负责人应在事前将有关安全注意事项予以详尽的告知。

3.5.4 工作票签发人、工作负责人对有触电危险、检修（施工）复杂容易发生事故的工作，应增设专责监护人，并确定其监护的人员和工作范围。

专责监护人不得兼做其他工作。专责监护人临时离开时，应通知被监护人员停止工作或离开工作现场，待专责监护人回来后方可恢复工作。专责监护人需长时间离开工作现场时，应由工作负责人变更专责监护人，履行变更手续，并告知全体被监护人员。

3.5.5 工作期间，工作负责人若需暂时离开工作现场，应指定能胜任的人员临时代替，离开前应将工作现场交待清楚，并告知全体工作班成员。原工作负责人返回工作现场时，也应履行同样的交接手续。

工作负责人若需长时间离开工作现场时，应由原工作票签发人变更工作负责人，履行变更手续，并告知全体工作班成员及所有工作许可人。原、现工作负责人应履行必要的交接手续，并在工作票上签名确认。

案例6 安全措施不到位，用户反送电，触电死亡

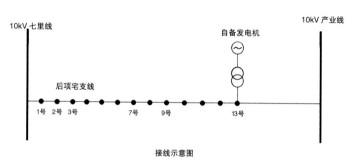

接线示意图

▲ 2011年8月3日，某供电公司进行线路改造施工，施工线路的接线示意图如下图所示。施工内容为：将由10kV七里线供电的后项宅支线1～7号杆拆除，9号杆断联跳线拆除，后段线路改由10kV产业线供电。

◀ 后项宅支线拆除工作结束后，在工作负责人安排下，对 10kV 产业线进行了停电、验电、挂接地线等安全措施。

◀ 工作班某成员按照分工进行后项宅支线 9 号杆搭接跳线工作。

◀ 在搭接 A 相跳线过程中，接在后项宅支线 13 号杆的后项宅村配电变压器的一台装潢厂自备发电机启动，造成低压电源引进，致使该职工触电，经抢救无效死亡。

一、事故原因

（1）施工线路安全措施不完备，工作负责人仅安排做好了 10kV 产业线停电、验电、挂接地线等安全措施，未对工作地段各段和工作地段内有可能送电的各分支线都验电、挂接电线，导致用户自备发电机发电，通过后项宅支线 13 号杆反供到 10kV 停电线路。

（2）线路工作人员缺乏防止用户反送电的安全意识，工作作风马虎，未摸清工作地点各端的电源情况就开始工作。

（3）装潢厂未按规定安装防倒送电闭锁装置，其自备发电机发电，送到低压线路上，又通过后项宅支线 13 号杆的后项宅村配电变压器反供到 10kV 停电线路。

（4）供电所安全管理上存在严重的缺陷和漏洞，安全规章制度执行不得力，对线路停电作业中突然来电的危险性认识不足。

二、防范措施

（1）线路停电作业时，必须断开工作地段各端和工作地段内所有反供电电源，其中包括低压反供电电源。

（2）工作地段各端和工作地段内有可能送电的各分支线都应接地。

（3）规范用电，用电前签订安全用电协议，自备电源用户在用电时先要签订自备电源用电合同，包括供电方式、防倒送电闭锁装置安装地点及产权分界。

（4）加强安全管理。

1）加强用电服务，建立重大事项应急预案。

2）用电方：①用电方的低压两相自备电源应采用双投隔离开关切换电源，用电方的低压三相四线自备电源应采用低压四极双倒隔离开关，如因条件限制（距离过远或总屏隔离开关容量在 1000A 以上时），可采用电气闭锁，但切换电源时，不允许有合环和并列的可能；②用电方的高压自备电源电源侧的断路器，应尽量采用机械联锁装置，并不得随意拆除闭锁等安全技术装置；如开关柜距离过远，可采用电气闭锁，但应保证任何情况下，只有一路电源投入运行，而无误并列、误合环的可能；在进户终端杆装置隔离开关，该隔离开关操作权属供电方。

3）用电方电气值班人员，必须熟悉《电力企业客户双电源（自备电源）管理方法》的要求及调度协议内容、设备调度权限的划分、运行方式的有关规定，必须制订并严格执行现场倒闸操作规程。

4）自备电源客户接线方案、用电设备、电源等如需更动，一定要征得供电部门同意，在供电所专职人员指导下进行。

5）自备电源客户在进户线电杆处（电缆线路在电源电缆头处）装设明显标志；用电方配电室有自备发电机管理的技术措施和管理措施制度，并有值班人员名单，实行昼夜值班等制度。

6）用电方装设的自备发电机必须经供电方审核批准后方可投入运行，对未经审批私自投运自备发电机者，一经发现，用电检查部门可责成其立即拆除接引线并按《供电营业规则》进行处理。

7）供电所定期对自备电源客户专职电工组织业务培训，提高业务技能。培训内容丰富多样，既有各种电力生产法律法规的学习，又有实际操作技能的训练，做到安全教育培训和生产实际相结合，防止走过场和形式化。

8）供电所要对有自备电源和备用电源的用户进行安全检查，认真清理自备电源的使用情况，重新审查用户自备电源是否按照规定履行了申请、验收程序，是否采取了必需的机械闭锁防止反送电措施，操作规章制度是否完备，用户电工是否执证上岗等。要对不具备安全用电条件的用户采取措施，限期整改。

9）供电所建立自备电源客户档案，健全设备台账，自备电源客户台账要齐全，客户档案要全面，包括客户名称、自备电源开关（型号），

T接线路编号名称、发电地址、产权分界点、变压器数据、双投开关数据，自备电源开关与电网电源开关是否互锁等。

10）供电所用户线路计划检修停电时，供电所应事先通知用户，并根据《国家电网公司安全工作规程（配电部分）（试行）》的有关规定，对可能到送电到检修线路的分支线（用户）都要挂设接地线，以保证检修人员安全。

11）用户停送电联系人必须经安全教育培训，考试合格后方可上岗。

12）倒送电用户在设备运行过程中应杜绝和防止发生用户约时停送电和擅自送电、自行变更电源接线方式、自行拆除电源的闭锁装置或使其失效、擅自将电源引入或转供其他用户、其他可能发生向电网倒送电的情况等行为。

三、《国家电网公司电力安全工作规程（配电部分）（试行）》相关规定

2.1.5　作业人员应被告知其作业现场和工作岗位存在的危险因素、防范措施及事故紧急处理措施。作业前，设备运维管理单位应告知现场电气设备接线情况、危险点和安全注意事项。

3.2.3　现场勘察应查看检修（施工）作业需要停电的范围、保留的带电部位、装设接地线的位置、邻近线路、交叉跨越、多电源、自备电源、地下管线设施和作业现场的条件、环境及其他影响作业的危险点，并提出针对性的安全措施和注意事项。

3.4.4　填用配电第一种工作票的工作，应得到全部工作许可人的许可，并由工作负责人确认工作票所列当前工作所需的安全措施全部完成后，方可下令开始工作。所有许可手续（工作许可人姓名、许可方式、许可时间等）均应记录在工作票上。

4.2.2　检修线路、设备停电，应把工作地段内所有可能来电的电源

断开（任何运行中星形接线设备的中性点，应视为带电设备）。

4.4　接地。

4.4.1　当验明确已无电压后，应立即将检修的高压配电线路和设备接地并三相短路，工作地段各端和工作地段内有可能反送电的各分支线都应接地。

4.4.7　作业人员应在接地线的保护范围内作业。禁止在无接地线或接地线装设不齐全的情况下进行高压检修作业。

4.5.3　在一经合闸即可送电到工作地点的断路器（开关）、隔离开关（刀闸）的操作处或机构箱门锁把手上及熔断器的操作处，应悬挂"禁止合闸，有人工作！"标示牌；若线路上有人工作，应悬挂"禁止合闸，有人工作！"标示牌。

13.2　并网管理。

13.2.1　电网调度控制中心应掌握接入高压配电网的分布式电源并网点开断设备的状态。

13.2.2　直接接入高压配电网的分布式电源的启停应执行电网调度控制中心的指令。

13.2.3　分布式电源并网前，电网管理单位应对并网点设备验收合格，并通过协议与用户明确双方安全责任和义务。并网协议中至少应明确以下内容：

（1）并网点开断设备（属于用户）操作方式。

（2）检修时的安全措施。双方应相互配合做好电网停电检修的隔离、接地、加锁或悬挂标示牌等安全措施，并明确并网点安全隔离方案。

（3）由电网管理单位断开的并网点开断设备，仍应由电网管理单位恢复。

13.4　检修工作。

13.4.1　在分布式电源并网点和公共连接点之间的作业，必要时应组织现场勘察。

13.4.2　在有分布式电源接入的相关设备上工作，应按规定填用工作票。

13.4.3　在有分布式电源接入电网的高压配电线路、设备上停电工作，应断开分布式电源并网点的断路器（开关）、隔离开关（刀闸）或熔断器，并在电网侧接地。

案例 7 违章操作，以手代替工具操作，触电坠亡

▲ 2003 年 4 月 11 日，某外包单位施工队承包某供电公司农网 10kV 广兴 12 号支兴场 1 号杆配电变压器 0.4kV 侧更换计量箱工作。到达工作现场后，实施了停电操作，拉开了上述配电变压器的高压跌落式熔断器。

▶ 杨某（死者）为现场监护人，胡某为杆上工作人员，金某为杆下电工。

◀ 10 时 40 分，当胡某正在杆上安装该配电变压器计量箱过程中，现场监护人杨某擅离职守，在附近私自架设梯子，登上配电变压器台架，攀站在距地面 4.7m 的高压侧横担上。

◀ 杨某在未使用安全带的情况下，用手试合高压跌落式熔断器，看是否灵活。因高压跌落式熔断器上端头带电，杨某触电坠落至地面，送往医院后经抢救无效身亡。

一、事故原因

（1）现场监护人杨某擅离职守，对现场情况不熟悉，在不进行验电的情况下，用手试合高压跌落式熔断器（高压跌落式熔断器上端头带电），擅自扩大工作范围，是造成此次事故的直接原因。

（2）失去监护。杨某未认真履行监护职责，工作随意性强，自己担任监护人却登杆作业，杨某在杆上作业却无人监护。

（3）外包单位未严格贯彻执行《临时工管理办法》，施工队擅自招聘临时工，致使外聘临工电业安全素质低，电业安全生产基础知识欠缺，自保互保意识不强，冒险蛮干。

（4）派（用）工不当，违反国网（安监/2）406—2014《安全生产规定》第102条"外来工作人员从事有危险的工作时，应在有经验的本单位职工带领和监护下进行，并做好安全措施"的规定。

（5）此次事故也暴露出如下问题：

1）现场施工贯彻落实规程不严，工作任务交待不明确，"安全第一"的意识树立不牢，安全思想麻痹，这样违章就会在不知不觉中发生。

2）外包单位安全管理存在漏洞。安全工器具购置、定点存放、领取等管理不到位。

3）外包单位安全教育、技术培训不到位。

4）外包单位"三无（操作无违章、现场无隐患、安全生产无事故）"活动、反习惯性违章及危险点分析与控制等工作，并没有真正落在实处。

5）供电公司对外包工程安全管理松弛，外包单位未按有关规定在开工前进行全面交底，未制订防止事故的"三措"（组织措施、技术措施、安全措施）计划，盲目开工，对习惯性违章未制止，失去监控。

二、防范措施

（1）操作过程中要正确使用专用工具，严禁用手代替工具。

（2）进行危险点分析及预控，作业前工作班组务必做好充分准备召开班前会。

（3）外来工作人员从事有危险的工作时，必须在有经验的职工带领和监护下进行，并做好安全措施，外来工作人员进入高压带电场所作业时，还必须在工作现场设立围栏和明显的警告标志。开工前监护人应将带电区域和部位等危险区域，警告标志的含义向外事人员交待清楚并要求外来工作人员复述，复述正确方可开工，禁止在没有监护的条件下指派外来工作人员单独从事有危险的工作。

（4）在外包工程管理中企业安全监督部门参与工程招投标工作，实行安全一票否决制度。建立、健全各项相关安全管理规定，加强安全技术措施的审核，实施开工审批、安全保证金抵押以及施工过程中现场安全监察等做法，使外包工程的施工安全和人身事故得到有效控制。同时，通过加强管理和总结改进，在资质审查、现场监察等方面不断完善，进一步提高了外包工程的安全规范化管理。

（5）严格贯彻执行"临时工管理办法"，严格控制按规定招聘使用临时工并按规定完善手续，不断加强临时工的安全培训，认真搞好安全思想教育，提高临时工的安全素质和搞好安全生产的自觉性，严格贯彻执行国网（安监/2）406—2014《安全生产工作规定》第102条规定外来工作人员从事有危险的工作时，应在有经验的本单位职工带领和监护下进行，并做好安全措施。

（6）强化"安全第一"、"三不伤害"的思想意识教育，严格贯规，规范岗位行为准则，把减少直至杜绝作业人员的习惯性违章行为作为搞好安全生产工作的重点来抓，各级安全检查要对习惯性违章行为给予处罚，真正做到"严格起来"、"落实到位"。

（7）抓好安全教育，解决职工的思想问题，使之树立牢固的"安全第一"观念，才能铲除习惯性违章的思想根源。

（8）增强安全管理的技术含量，不断完善安全防护设施，依靠高、新科技手段，防范习惯性违章及可能引发的事故。

（9）组织习惯性违章者学习安全生产方针政策、法律法规、规章制度以及建立法治化、制度化和规范化的安全管理体系等方面。

（10）加强《国家电网公司电力安全工作规程（配电部分）（试行）》教育培训，提高全体员工安全思想意识和安全技能，强化全体员工遵章守纪执行力，及时纠正违章，严格考核违章。

三、《国家电网公司电力安全工作规程（配电部分）（试行）》相关规定

3.3.12.5 工作班成员：

（1）熟悉工作内容、工作流程，掌握安全措施，明确工作中的危险点，并在工作票上履行交底签名确认手续。

（2）服从工作负责人（监护人）、专责监护人的指挥，严格遵守本规程和劳动纪律，在指定的作业范围内工作，对自己在工作中的行为负责，互相关心工作安全。

3.5.4 ……专责监护人不得兼做其他工作……

5.2.6.10 操作机械传动的断路器（开关）或隔离开关（刀闸）时，应戴绝缘手套。操作没有机械传动的断路器（开关）、隔离开关（刀闸）或跌落式熔断器，应使用绝缘棒……

5.2.6.10 操作机械传动的断路器（开关）或隔离开关（刀闸）时，应戴绝缘手套。操作没有机械传动的断路器（开关）、隔离开关（刀闸）或跌落式熔断器，应使用绝缘棒。雨天室外高压操作，应使用有防雨罩的绝缘棒，并穿绝缘靴、戴绝缘手套。

3.4.3 现场办理工作许可手续前，工作许可人应与工作负责人核对线路名称、设备双重名称，检查核对现场安全措施，指明保留带电部位。

7.1.2 柱上变压器台架工作，应先断开低压侧的空气开关、刀开关，再断开变压器台架的高压线路的隔离开关（刀闸）或跌落式熔断器，高低压侧验电、接地后，方可工作。若变压器的低压侧无法装设接地线，应采用绝缘遮蔽措施。

7.1.3 柱上变压器台架工作，人体与高压线路和跌落式熔断器上部带电部分应保持安全距离……

6.2.1 登杆塔前，先做好以下工作：

（5）检查登高工具、设施（如脚扣、升降板、安全带、梯子和脚钉、爬梯、防坠装置等）是否完整牢靠。

6.2.3 杆塔上作业应注意以下安全事项：

（1）作业人员攀登杆塔、杆塔上移位及杆塔上作业时，手扶的构件应牢固，不得失去安全保护，并有防止安全带从杆顶脱出或被锋利物损坏的措施。

第二章　高处坠落事故

- ◆ 安全带使用不当，监护不力，险要一条人命
- ◆ 违章作业，蛮干丧了命
- ◆ 不戴安全帽，无人监护，高温中暑造成高处坠落
  死亡
- ◆ 导线存在重大缺陷，安全带的护腰带没有系紧，
  造成高处坠落死亡
- ◆ 登杆作业不使用附绳，不听劝告，险失一命

案例 1　安全带使用不当，监护不力，
险要一条人命

◀ 2004 年 5 月 24 日，某实业有限公司进行某机站低压配电工程施工，当天主要工作为小湾台区 0.4kV 石陈 3 号支海林 1~5 号杆更换横担，将两相导线更换为三相四线导线。

▶ 某供电营业所所长方某签发了工作票，工作负责人为刘某，工作班成员为邬某等 5 人。

▶ 5 月 24 日 9 时 50 分，工作许可人廖某与工作负责人刘某完成许可手续，工作班组召开了班前会，开始工作。

◀ 工作负责人刘某安排陈某，邬某负责石陈3号支海林1号杆的横担、金具的更换工作。

◀ 邬某未将安全带延长绳带往施工现场，上杆后离地面约6m左右，邬某直接将安全带系在电杆梢尖处。

▶ 10 时 10 分左右，邬某在从地面吊材料移位过程中，安全带从电杆梢尖冒顶滑出，邬某从 6m 高处坠落到地面泥地上，造成右肱骨骨折。

一、事故原因

（1）工作人员邬某技能不过关，安全生产意识和自我保护意识淡薄，违反《国家电网公司电力安全工作规程（配电部分）（试行）》6.2.3 "（1）作业人员攀登杆塔、杆塔上移位及杆塔上作业时，手扶的构件应牢固，不得失去安全保护，并有防止安全带从杆顶脱出或被锋利物损坏的措施"的规定，以致在高处杆上作业将安全带系在杆梢尖处，移位过程中安全带从杆顶脱出，工作人员邬某失去安全带的保护，是造成事故发生的直接原因。

（2）监护不到位，指派一名不具备监护能力的新上岗人员作为小组监护人，未起到应有的监护作用。

（3）某实业有限公司工程队在安全管理和教育培训方面流于形式，"以安全管理标准化杜绝习惯性违章"未落到实处，"安全生产活动月"和"三无"工作未深入人心。

二、防范措施

（1）在杆塔上高处作业，必须使用双保险安全带，系安全带后必须立即检查扣环是否扣牢，安全带和安全绳应分别挂在杆塔不同部位的牢固构件上，应防止安全带从杆顶脱出或被锋利物损坏，手扶的构件应牢固，且不得失去后备保护绳的保护。

（2）大力推行标准化、规范化作业，标准化作业是在有关规程的指导下，从工作准备到实施的每一个具体步骤和操作。

（3）专责监护人应由具有相关专业工作经验，熟悉工作范围内的设备情况和《国家电网公司电力安全工作规程》的人员担任，认真履行职责。

（4）加强《国家电网公司电力安全工作规程（配电部分）（试行）》教育培训，提高全体员工安全思想意识和安全技能，强化全体员工遵章守纪执行力，及时纠正违章，严格考核违章。

三、《国家电网公司电力安全工作规程（配电部分）（试行）》相关规定

2.1　作业人员。

2.1.2　具备必要的安全生产知识，学会紧急救护法，特别要学会触电急救。

2.1.3　接受相应的安全生产知识教育和岗位技能培训，掌握配电作业必备的电气知识和业务技能，并按工作性质，熟悉本规程的相关部分，经考试合格后上岗。

2.1.4 参与公司系统所承担电气工作的外单位或外来人员应熟悉本规程；经考试合格，并经设备运维管理单位认可后，方可参加工作。

2.1.5 作业人员应被告知其作业现场和工作岗位存在的危险因素、防范措施及事故紧急处理措施。作业前，设备运维管理单位应告知现场电气设备接线情况、危险点和安全注意事项。

6.2.3 杆塔上作业应注意以下安全事项：

（1）作业人员攀登杆塔、杆塔上移位及杆塔上作业时，手扶的构件应牢固，不得失去安全保护，并有防止安全带从杆顶脱出或被锋利物损坏的措施。

（2）在杆塔上作业时，宜使用有后备保护绳或速差自锁器的双控背带式安全带，安全带和保护绳应分挂在杆塔不同部位的牢固构件上。

3.3.12.2 工作负责人：

（1）正确组织工作。

（2）检查工作票所列安全措施是否正确完备，是否符合现场实际条件，必要时予以补充完善。

（3）工作前，对工作班成员进行工作任务、安全措施交底和危险点告知，并确认每个工作班成员都已签名。

（4）组织执行工作票所列由其负责的安全措施。

（5）监督工作班成员遵守本规程、正确使用劳动防护用品和安全工器具以及执行现场安全措施。

3.3.11.4 专责监护人应由具有相关专业工作经验，熟悉工作范围内的设备情况和本规程的人员担任。

3.3.12.4 专责监护人：

（1）明确被监护人员和监护范围。

（2）工作前，对被监护人员交待监护范围内的安全措施、告知危险点和安全注意事项。

（3）监督被监护人员遵守本规程和执行现场安全措施，及时纠正被监护人员的不安全行为。

案例 2　违章作业，蛮干丧了命

▲ 2013 年 8 月 20 日，某电力实业有限公司进行 10kV 线路改造工程。当天主要工作是将 10kV 歇元线 11 号支线元工线 2~5 号杆导线由 LGJ-70 更换为 LGJ-120，并更换全部金具、拉线、绝缘子。

▶ 工作中使用了工作票、派工单，施工负责人付某开工前已进行工程施工安全技术交底和班前会工作。

▶ 13时10分左右，邱某（死者，男，53岁）在10kV歇元线11号支线元工线4号杆（12m门形耐张杆）进行放、收线工作。

▶ 杆上工作人员邱某更换完中相导线后，由踩板登上电杆横担，以便更换右边相导线。

◀ 由于在上横担时，邱某擅自解除双保险带，失去了安全带及后备保护绳的保护，在攀爬过程中，踩在横担上的脚一滑，重心不稳，失去平衡，从高空踩板上坠落至电杆下侧 3m 高的单层围墙上，后再坠落于地面，造成邱某胸内，颅内出血过多死亡。

一、事故原因

（一）直接原因

施工人员心存侥幸心理，冒险蛮干，违反《国家电网公司电力安全工作规程（配电部分）（试行）》6.2.3 "（1）作业人员攀登杆塔、杆塔上移位及杆塔上作业时，手扶的构件应牢固，不得失去安全保护，并防止安全带从杆顶脱出或被锋利物损坏的措施"的规定，杆上作业换位时失去安全带及后备保护绳的保护，脚底打滑，身体失去平衡，是发生本次事故的直接原因。

（二）间接原因

（1）安全教育培训工作不够深入，施工人员不落实或不彻底落实《国家电网公司电力安全工作规程（配电部分）（试行）》的规定，防范措施不到位。

（2）现场监督不到位，监护过程中未能及时发现隐患问题并制止违规行为。

（3）对施工队伍的安全教育和操作规程培训力度不够，忽视现场安全监督，隐患整改。

二、防范措施

（1）要求施工单位要把安全放在首位，现场施工要严格执行《国家电网公司电力安全工作规程（配电部分）（试行）》，杆塔上移位时不得失去安全保护强化安全意识，杜绝类似事故的再次发生。

（2）在危险点的辨识和分析的基础上，确定危险点，制订出切实可行的危险点控制措施，危险点的控制要突出作业的全过程，使现场每个人清楚危险点的情况及相应的预控措施，深入开展施工中危险点分析，深入开展"三无"工作，加强生产和施工现场、作业现场的管理，加强现场作业的安全监护，加强人、机、物、环境等重要因素的标准化管理和建设，加大力度查处个人习惯性违章行为并进行跟踪整治。

（3）加强对事故、缺陷处理工作中各个环节连贯性的管理，完善和规范相应的措施，并严格执行，从根本上杜绝、防范类似事故的发生。

（4）加强《国家电网公司电力安全工作规程（配电部分）（试行）》教育培训，提高全体员工安全思想意识和安全技能，强化全体员工遵章守纪执行力，及时纠正违章，严格考核违章。

三、《国家电网公司电力安全工作规程（配电部分）（试行）》相关规定

2.1 作业人员。

2.1.3 接受相应的安全生产知识教育和岗位技能培训，掌握配电作业必备的电气知识和业务技能，并按工作性质，熟悉本规程的相关部分，经考试合格后上岗。

2.1.4 参与公司系统所承担电气工作的外单位或外来人员应熟悉本规程；经考试合格，并经设备运维管理单位认可后，方可参加工作。

2.1.5 作业人员应被告知其作业现场和工作岗位存在的危险因素、防范措施及事故紧急处理措施。作业前，设备运维管理单位应告知现场电气设备接线情况、危险点和安全注意事项。

6.2.3 杆塔上作业应注意以下安全事项：

（1）作业人员攀登杆塔、杆塔上移位及杆塔上作业时，手扶的构件应牢固，不得失去安全保护，并有防止安全带从杆顶脱出或被锋利物损坏的措施。

（2）在杆塔上作业时，宜使用有后备保护绳或速差自锁器的双控背带式安全带，安全带和保护绳应分挂在杆塔不同部位的牢固构件上。

3.3.12.4 专责监护人：

（2）工作前，对被监护人员交待监护范围内的安全措施、告知危险点和安全注意事项。

（3）监督被监护人员遵守本规程和执行现场安全措施，及时纠正被监护人员的不安全行为。

案例 3 不戴安全帽，无人监护，
高温中暑造成高处坠落死亡

▲ 2001 年 8 月 7 日，某供电局营销中心外包单位职工刘某（死者）与庞某（男）按抄表日程例行抄录配电变压器台区电能表。

▲ 10时10分左右，在10kV洞海15号杆处，刘某将铝合金升降梯子搭在配电变压器杆上（杆上配电变压器高度约4m），在未佩戴安全帽、梯子使用时无专人扶持、高处作业人员未使用安全带的情况下，登杆查看电能表箱内电能表读数。

▲ 庞某因脚部有伤，回到车上休息，未下车监护。

◀ 10 时 15 分左右，刘某不幸中暑，摔落在人行道路沿边公路水泥地上，头部着地出血，伤势严重，同行工作人员当即将刘某送往附近医院抢救，经抢救无效死亡。

一、事故原因

（一）直接原因

（1）死者年龄偏大、抄表工作任务繁重琐碎，造成死者中暑坠落，是此次事故的直接原因。

（2）死者习惯性违章，现场劳动保护落实不到位，抄表用的车辆后座上配有安全帽、安全带，死者却不戴安全帽、安全带登高作业。

（二）间接原因（管理缺陷）

（1）现场工作班成员安全贯规意识和自我保护意识不强。

（2）专职监护人未认真履责，死者单独从事高处工作，无人监护。

（3）营销中心未能根据班组人员实际情况制订合理的派工方案，事故当天温度高达 40℃，营销中心未及时调整派工，因死者年龄偏大，抄表工作任务繁重琐碎，造成死者中暑坠落。

（4）安全管理不严。事故后检查发现包括死者在内的外聘的某外包公司的数人无电工证，未执行持证上岗制度；外聘抄表人员全部没有进行《国家电网公司电力安全工作规程（配电部分）（试行）》考试就上岗工作；营销中心《用工管理制度和奖惩办法》安全管理的内容讲的少，存在重生产、轻安全的情况。

二、防范措施

（1）严格执行《国家电网公司电力安全工作规程（配电部分）（试行）》的有关防止高处坠落事故的规定，在高处作业中规范地戴好安全帽，高处作业应使用安全带。

（2）加强现场监护力度，及时发现和制止不安全行为，工作负责人、现场监护人应认真检查现场措施是否正确完备。

（3）合理派工，作业人员平时应有充足睡眠和适当营养，工作时应穿浅色且透气性好的衣服，争取早出工，中午延长休息时间，加强员工的劳动保护工作，发放必要的防暑降温药品，对酒后上班、睡眠不足、过度劳累健康欠佳等成员严禁进入工作现场。

（4）工作班（组）长或工作负责人要对言行、情绪表现非正常状况的成员进行沟通、谈心，帮助消除或平息思想上的不正常波动，保持良好的工作心态，否则不能进入现场参加作业。

（5）加强安全管理，所有工作人员必须持证上岗。

（6）经常有人工作的场所及施工车辆上宜配备急救箱，存放急救品并应指定专人经常检查补充或更换。

（7）加强《国家电网公司电力安全工作规程（配电部分）（试行）》教育培训，提高全体员工安全思想意识和安全技能，强化全体员工遵章守纪执行力，及时纠正违章，严格考核违章。

三、《国家电网公司电力安全工作规程（配电部分）（试行）》相关规定

3.3.12.5　工作班成员：

（1）熟悉工作内容、工作流程，掌握安全措施，明确工作中的危险点，并在工作票上履行交底签名确认手续。

（2）服从工作负责人（监护人）、专责监护人的指挥，严格遵守本规程和劳动纪律，在指定的作业范围内工作，对自己在工作中的行为负责，互相关心工作安全。

（3）正确使用施工机具、安全工器具和劳动防护用品。

2.1.6　进入作业现场应正确佩戴安全帽，现场作业人员还应穿全棉长袖工作服、绝缘鞋。

17.1　高处作业应使用安全带。

2.1　作业人员。

2.1.1　经医师鉴定，无妨碍工作的病症（体格检查每两年至少一次）。

2.1.2　具备必要的安全生产知识，学会紧急救护法，特别要学会触电急救。

2.1.3　接受相应的安全生产知识教育和岗位技能培训，掌握配电作业必备的电气知识和业务技能，并按工作性质，熟悉本规程的相关部分，经考试合格后上岗。

2.1.4　参与公司系统所承担电气工作的外单位或外来人员应熟悉本规程；经考试合格，并经设备运维管理单位认可后，方可参加工作。

3.5 工作监护制度。

3.5.1 工作许可后，工作负责人、专责监护人应向工作班成员交待工作内容、人员分工、带电部位和现场安全措施，告知危险点，并履行签名确认手续，方可下达开始工作的命令。

3.5.2 工作负责人、专责监护人应始终在工作现场。

3.5.4 工作票签发人、工作负责人对有触电危险、检修（施工）复杂容易发生事故的工作，应增设专责监护人，并确定其监护的人员和工作范围。

3.3.12.4 专责监护人：

（1）明确被监护人员和监护范围。

（2）工作前，对被监护人员交待监护范围内的安全措施、告知危险点和安全注意事项。

（3）监督被监护人员遵守本规程和执行现场安全措施，及时纠正被监护人员的不安全行为。"

3.3.12.1 工作票签发人：

（3）确认所派工作负责人和工作班成员适当、充足。

3.3.12.2 工作负责人：

（6）关注工作班成员身体状况和精神状态是否出现异常迹象，人员变动是否合适。

案例 4 导线存在重大缺陷，安全带的护腰带没有系紧，造成高处坠落死亡

▲ 2004 年 1 月 15 日，某实业有限公司进行 10kV 中和线和龙支线大修工程施工。

▶ 14 时 40 分，在新立的 17 号杆上工作的施工人员易某，在横担上从右边移位到左边时，新架设在 17~18 号杆之间的导线（LGJ-95）突然在距离 17 号杆 4m 处断落。

◀ 导线在受张力的情况下反弹打在易某头部（易某未使用有后备保护绳或速差自锁器的双控背带式安全带），造成易某头朝下翻倒，形成"抽筒"。易某头部触地死亡。

一、事故原因

（一）直接原因

（1）断线事故段的导线存在钢芯已断开、只靠铝绞线承受张力的重大缺陷，易某高处作业时未使用《国家电网公司电力安全工作规程（配电部分）（试行）》规定的有后备保护绳或速差自锁器的双控背带式安全带，再加之安全带的护腰带没有系紧，造成易某在杆上被断线击中，意外倾倒后"抽筒"，发生高处坠落人身死亡事故。

（2）导线产品质量把关不严，导线厂家未采取有效应急处置措施，断线事故段的导线接头只是按惯例画一根红线表示此段导线有接头，未按要求在说明书上明确提示，且接头长度达不到要求，导致施工人员忽视该段导线存在钢芯已断开、只靠铝绞线受力的重大缺陷。

（二）间接原因

（1）外包单位业务技能差，施工经验不足，对钢芯已断开处导线上画的红线未引起足够的重视，未采取开断接头处理的补救措施。

（2）工作现场监护人员未认真履责。

二、防范措施

（1）高处作业应使用双控背带式安全带，安全带应系好。

（2）加强对农网设备材料质量监督管理，提高农网设备材料质量水平和生产企业的质量意识，减少因设备质量问题导致的农网电力安全生产事故。

（3）工作负责人、现场监护应认真检查现场措施是否正确完备，发现作业人员违规行为，应及时纠正。

（4）强化外包单位的安全管理：

1）强化外包单位施工现场的安全监督管理。

2）供电公司开展外包单位安全专项检查，找出外包工程管理存在的安全管理漏洞，查安全措施落实情况，及时整改事故隐患。

3）严格审查外包单位的施工力量、技术力量、管理力量。

4）加强《国家电网公司电力安全工作规程（配电部分）（试行）》教育培训，提高全体员工安全思想意识和安全技能，强化全体员工遵章守纪执行力，及时纠正违章，严格考核违章。

三、《国家电网公司电力安全工作规程（配电部分）（试行）》相关规定

6.2.3　在杆塔上作业时，宜使用有后备保护绳或速差自锁器的双控背带式安全带。

17.1.6　高处作业使用的安全带应符合 GB6095《安全带》的要求。

17.2.4　作业人员在作业过程中，应随时检查安全带是否拴牢。高处作业人员在转移作业位置时不得失去安全保护。

2.1　作业人员。

2.1.3　接受相应的安全生产知识教育和岗位技能培训，掌握配电作

业必备的电气知识和业务技能，并按工作性质，熟悉本规程的相关部分，经考试合格后上岗。

2.1.4　参与公司系统所承担电气工作的外单位或外来人员应熟悉本规程；经考试合格，并经设备运维管理单位认可后，方可参加工作。

3.3.12.4　专责监护人：

（1）明确被监护人员和监护范围。

（2）工作前，对被监护人员交待监护范围内的安全措施、告知危险点和安全注意事项。

（3）监督被监护人员遵守本规程和执行现场安全措施，及时纠正被监护人员的不安全行为。

案例5 登杆作业不使用附绳，不听劝告，险失一命

▲ 2006年7月26日，某客服中心某供电营业所工作负责人王某带领陈某等数人到东永2台区进行线路改造工作。

▲ 得到工作许可命令后，工作负责人王某对班组成员交待了工作内容、安全措施、危险点分析及控制措施。

◀ 在做了停电、验电、挂地线的安全措施后，王某安排陈某、谢某（杆下监护人）更换上层横担。陈某上杆前，谢某发现陈某的保险带没有附绳，谢某提醒陈某，登杆作业不使用附绳是违规行为，被查到后会被考核，但陈某没有理会。

▶ 8时，陈某将安全带主绳打在上下横担之间，在没有附绳的情况下便开始用钢锯锯已锈蚀的上层横担抱箍。

▲ 在抱箍快锯断时，陈某解下安全带，打算将其系到下层横担电杆上，但上层横担抱箍锯口处突然断裂，滑落到下层横担，砸到陈某的右手。由于失去了安全带保护，陈某身体失去平衡，从 5m 高处坠落到地面，被紧急送往医院救治，经医院检查为轻伤。

一、事故原因

（1）工作人员陈某未按规定正确使用安全带，失去后备绳的保护是造成事故的直接原因，监护人谢某提醒其违章行为时，陈某不听劝止，仍然盲目蛮干，是造成此次事故的主要原因。

（2）现场工作监护人谢某监护不到位，对杆上作业人员的违规行为虽然有所提醒，但未严格纠正，是造成此次事故的次要原因。

（3）现场负责人在班前会上没有认真检查安全器材是否遗漏，在工程管理过程中，没能有效地监督习惯性违章行为。

二、防范措施

（1）作业人员在作业过程中，应随时检查安全带是否拴牢，高处作业人员在转移作业位置时不得失去安全保护。

（2）发现作业人员违规行为后，监护人应立即令其停止工作，待安全措施完善后恢复施工。

（3）查处习惯性违章行为，采取有效措施，提高人员自我保护意识和班组安全生产管理水平，克服工作中的随意性。

（4）加强职工安全学习和思想教育，挖掘思想根源，吸取事故教训。

（5）加大对习惯性违章行为的查处力度。对无视安全生产，拒不执行安全管理规定，视安全生产如儿戏者，要坚决给予打击，加大考核，防止此类事故再次发生。

（6）加强《国家电网公司电力安全工作规程（配电部分）（试行）》教育培训，提高全体员工安全思想意识和安全技能，强化全体员工遵章守纪执行力，及时纠正违章，严格考核违章。

三、《国家电网公司电力安全工作规程（配电部分）（试行）》相关规定

6.2.3 杆塔上作业应注意以下安全事项：

（1）作业人员攀登杆塔、杆塔上移位及杆塔上作业时，手扶的构件应牢固，不得失去安全保护，并有防止安全带从杆顶脱出或被锋利物损坏的措施。

（2）在杆塔上作业时，宜使用有后备保护绳或速差自锁器的双控背带式安全带，安全带和保护绳应分挂在杆塔不同部位的牢固构件上。

17.1.6 高处作业使用的安全带应符合 GB 6095《安全带》的要求。

17.2.4 作业人员作业过程中，应随时检查安全带是否拴牢。高处作业人员在转移作业位置时不得失去安全保护。

3.3.12.4 专责监护人：

（1）明确被监护人员和监护范围。

（2）工作前，对被监护人员交待监护范围内的安全措施、告知危险点和安全注意事项。

（3）监督被监护人员遵守本规程和执行现场安全措施，及时纠正被监护人员的不安全行为。

第三章　倒杆事故

◆ 违章拆线，杆倒人亡
◆ 杆基不稳，未采取任何措施，电杆倾覆，杆倒人亡
◆ 杆基被严重破坏，未采取安全技术措施的情况下
  杆倒伤人

案例 1 违章拆线，杆倒人亡

▲ 2006 年 1 月 13 日上午，某乡施工班组承接某供电公司 10kV 柱水支线撤出农改工程。某乡旧线路有 5 根电线杆（导线 LG-35）全长 0.5km，13 号杆（倒杆点）距电源侧 180m，距负荷侧 190m。

▲ 范某为施工班组负责人、黄某为现场负责人、周某为安全员。黄某、周某带领数名工人到现场进行作业。

▶ 11 时 10 分左右，周某在13号杆上进行撤线工作。

▶ 当周某剪掉电源侧第 3 条导线时，13 号杆电源侧的导线失去拉力，造成该杆负荷侧单向受力，电杆从距地面约 0.75m 处突然断裂，电杆向负荷侧倾倒。

◀ 周某在电杆的顶部横担处随杆倾倒落地，造成周某身体多处受伤、骨折，落地后处于昏迷状态，因伤势严重，经抢救无效死亡。与此同时杆下人员李某因受惊吓，躲闪不及也被砸到胸部，肋骨骨折，压在杆下，幸无生命危险。

一、事故原因

（一）直接原因

（1）周某安全贯规意识和自我保护意识不强违规作业，将 13 号杆电源侧 3 根导线突然剪断后，13 号杆承受冲击力过大，造成水泥杆断杆和工作人员周某死亡及杆下人员李某受伤。

（2）原线路架设存在缺陷。13 号杆前后杆距偏大，没有采取对 13 号杆装设两侧临时拉线，防止任一侧导线断线倒杆的防范措施。

（二）间接原因

（1）工作负责人、现场监护人员未认真履责，未及时纠正违章行为。

（2）按《国家电网公司电力安全工作规程（配电部分）（试行）》的有关规定，对施工复杂容易发生事故的工作，应增设专责监护人和确定被监护的人员。经查，周某在 13 号杆作业时杆下没有增设监护人。

（3）作业人员自我防护能力不强。

（4）未进行现场勘查。该施工班组对架设达 20 年之久某支线旧线路，存在电杆老化严重、杆距偏大、地形较复杂的情况未予以重视，未编制技术措施、安全措施方案。

二、防范措施

（1）提前进行现场勘查，有针对性制订防范措施；工作负责人、现场监护人应认真检查现场措施是否正确完备，是否严格执行。

（2）撤线前做好电杆、拉线受力检查，必要时打临时拉线。使原导线不受力后，再进行断线，严禁在导线受力时采用突然剪断导、地线的做法松线。

（3）作业前召开班前会，进行危险点分析和预控，告知工作班成员针对性措施加以防范。

（4）对档距大、有转角、使用年限久的旧线路进行改造或拆除时，要切实加强防范措施，防止类似事故的再次发生。

（5）撤线撤杆统一指挥做好协调配合。

（6）加强《国家电网公司电力安全工作规程（配电部分）（试行）》教育培训，提高全体员工安全思想意识和安全技能，强化全体员工遵章守纪执行力，及时纠正违章，严格考核违章。

三、《国家电网公司电力安全工作规程（配电部分）（试行）》相关规定

6.4.9　禁止采用突然剪断导线的做法松线。

3.3.12.4　专责监护人：

（1）明确被监护人员和监护范围。

（2）工作前，对被监护人员交待监护范围内的安全措施、告知危险点和安全注意事项。

（3）监督被监护人员遵守本规程和执行现场安全措施，及时纠正被监护人员的不安全行为。

3.5.4　工作票签发人、工作负责人对有触电危险、检修（施工）复杂容易发生事故的工作，应增设专责监护人，并确定其监护的人员和工作范围。

1.2　任何人发现有违反本规程的情况，应立即制止，经纠正后才能恢复作业。作业人员有权拒绝违章指挥和强令冒险作业：在发现直接危及人身、电网和设备安全的紧急情况时，有权停止作业或者在采取可能的紧急措施后撤离作业场所，并立即报告。

3.3.12.2　工作负责人：

（1）正确组织工作。

（2）检查工作票所列安全措施是否正确完备，是否符合现场实际条件，必要时予以补充完善。

（3）工作前，对工作班成员进行工作任务、安全措施交底和危险点告知，并确认每个工作班成员都已签名。

（4）组织执行工作票所列由其负责的安全措施。

（5）监督工作班成员遵守本规程、正确使用劳动防护用品和安全工器具以及执行现场安全措施。

案例 2 杆基不稳，未采取任何措施，
电杆倾覆，杆倒人亡

▲ 2012 年 5 月 12 日，某电气安装公司更换某村 1 号台区 23～27 号杆线路，导线由单线制换为三相四线制，同时新增 26 号杆 1 基。

▲ 5 月 12 日 8 时，某供电营业所周某签发了第一种工作票，并办理了工作许可手续。

◄ 工作负责人在某院内交待当日工作和安全注意事项，要求戴好安全帽，高空作业系好安全带。

◄ 工作前由陈某对某村1号台区变压器高低压侧停电，在变压器低压侧挂接地线一组，并在变压器低压侧挂"禁止合闸，线路有人工作"标示牌。

▲ 在停电并做好安全措施后，陈某对工作班成员进行了分工。汤某上 23 号杆，易某做地勤并监护；王某上 24 号杆，丁某做地勤并监护；李某上 25 号杆，肖某做地勤并监护；杨某上 26 号杆，张某做地勤并监护；廖某上 27 号杆，罗某做地勤并监护。

◀ 在安排完工作后，陈某（工作负责人）交待易某（23 号杆地勤并监护）在现场负责，就同张某（26 号杆地勤并监护）离开现场去清点线路高压材料。

◀ 8 时 30 分杨某开始工作，先在 26 号杆组装横担，在此过程中，临时负责人易某（23 号杆地勤并监护）来到 26 号杆处，只是口头要求杨某加装临时拉线，没有监督杨某完成，随后就到别处去了，26 号杆只剩杨某一人，杨某组装完横担后上杆工作。

▶ 9时30分左右，杨某将组装好的横担从杆顶装上，并开始上螺丝帽，当上了几丝时，26某杆向田坎外侧倒下，杨某随杆倒在路边的田坎下方。在27号杆施工的廖某和罗某听到有人喊"倒杆了"，俩人一起跑到26号杆处，发现杨某右小腿内侧骨折，角钢碰到头部右侧太阳穴3~5cm处，杨某已停止了呼吸。

一、事故原因

（1）违章作业，在电杆位置变动，明知电杆埋深只有 80cm，又无安全防范措施的情况下，野蛮施工是造成此事故的主要原因之一。

（2）电杆位置变动和电杆的埋深不够是造成此事故的主要原因之一。某村规定谁的责任田就由谁打电杆洞，施工队定好的电杆洞由农民陈某打在其责任田田坎内侧，陈某却擅自在田坎的外侧打电杆洞。5 月 5 日，工程班的陈某等人发现电杆洞的位置变了，电杆洞的深度不够，就向村长要求重新打洞，村长虽说就在田坎的外侧的电杆洞上立杆，再用条石围成 1.4m 高的堡坎，实际上施工前仍未及时完成加固工作。

（3）临时工作负责人违章指挥，26 号杆埋深只有 80cm，在未采取任何安全技术措施的情况下，临时工作负责人易某只是口头要求加装临时拉线，没有现场督促工作人员杨某（死者）完成，也是造成此次事故的原因之一。

（4）26 号杆上工作人员杨某（死者），安全思想淡薄，自我保护意识差，明知杆子埋深严重不足，未提出异议和拒绝作业，在未做好相应的安全防范工作的情况下贸然上杆作业，也是造成本次事故的重要原因。

（5）工作负责人、专责监护人随意离开工作现场，没有起到监护职责使工作班成员工作中失去监护。

二、防范措施

（1）工作负责人、现场监护人应认真履责，发现工作班成员违章行为应立即纠正。发现现场不安全情况应立即落实相应的安全措施。

（2）工作人员攀登杆塔前，应认真检查杆根、基础、拉线是否牢固。

（3）甲方应加强对外包施工队伍安全管理。

1）甲方应加强对外包施工队伍资质审查、安全管理，特别是现场安全监督，找出外包工程管理存在的安全管理漏洞，防患于未然。

2）乙方应加强对本队伍的安全教育与安全管理，提高其群体安全意识。

3）建立开工报告制度，乙方开工必须有派工单，乙方在施工中严格执行保证安全的组织措施与技术措施。

4）严格查勘，设计技术交底不能流于形式，必须全面准确、突出危险点且做好记录，甲乙双方应共同签字严把交底关。

5）甲方加强对施工队伍的现场安全管理及施工质量监督，并应做好记录，强化验收把关制度不得留下任何安全隐患。

（4）加强《国家电网公司电力安全工作规程（配电部分）（试行）》教育培训，提高全体员工安全思想意识和安全技能，强化全体员工遵章守纪执行力，及时纠正违章，严格考核违章。

三、《国家电网公司电力安全工作规程（配电部分）（试行）》相关规定

6.2.1　登杆塔前，应做好以下工作：

……

（2）检查杆根、基础和拉线是否牢固。

（4）遇有冲刷、起土、上拔或导地线、拉线松动的杆塔，应先培土加固、打好临时拉线或支好架杆。

6.2.2　杆塔作业应禁止以下行为：

（1）攀登杆基未完全牢固或未做好临时拉线的新立杆塔。

……

3.2.5 开工前，工作负责人或工作票签发人应重新核对现场勘察情况，发现与原勘察情况有变化时，应及时修正、完善相应的安全措施。

2.1.3 接受相应的安全生产知识教育和岗位技能培训，掌握配电作业必备的电气知识和业务技能，并按工作性质，熟悉本规程的相关部分，经考试合格后上岗。

3.3.12.5 工作班成员：

（1）熟悉工作内容、工作流程，掌握安全措施，明确工作中的危险点，并在工作票上履行交底签名确认手续。

（2）服从工作负责人（监护人）、专责监护人的指挥，严格遵守本规程和劳动纪律，在指定的作业范围内工作，对自己在工作中的行为负责，互相关心工作安全。

（3）正确使用施工机具、安全工器具和劳动防护用品。

3.5 工作监护制度。

3.5.1 工作许可后，工作负责人、专责监护人应向工作班成员交待工作内容、人员分工、带电部位和现场安全措施，告知危险点，并履行签名确认手续，方可下达开始工作的命令。

3.5.2 工作负责人、专责监护人应始终在工作现场。

3.5.4 工作票签发人、工作负责人对有触电危险、检修（施工）复杂容易发生事故的工作，应增设专责监护人，并确定其监护的人员和工作范围。

专责监护人不得兼做其他工作。专责监护人临时离开时，应通知被监护人员停止工作或离开工作现场，待专责监护人回来后方可恢复工作。专责监护人需长时间离开工作现场时，应由工作负责人变更专责监护人，履行变更手续，并告知全体被监护人员。

3.5.5 工作期间，工作负责人若需暂时离开工作现场，应指定能胜任的人员临时代替，离开前应将工作现场交待清楚，并告知全体工作班成员。原工作负责人返回工作现场时，也应履行同样的交接手续。

工作负责人若需长时间离开工作现场时，应由原工作票签发人变更工作负责人，履行变更手续，并告知全体工作班成员及所有工作许可人。原、现工作负责人应履行必要的交接手续，并在工作票上签名确认。

案例 3　杆基被严重破坏，未采取安全技术措施的情况下杆倒伤人

▲ 2013 年 3 月 7 日，某供电公司下属线路检修班进行线路改造施工。线路检修二班办有线路第一种工作票，工作任务为：双溪一台区 03 ~ 09 号低压线路搬迁，其中把 0.4kV 的 03 ~ 04 号低压线路改为与 10kV 街太线 8 ~ 9 号同杆架设，工作负责人为唐某。

▲ 线路改造前接线示意图

▲ 计划线路改造后接线示意图

▲ 袁班长在班组办公室里召开了班前会，唐某填写了派工单，进行了危险点分析、控制措施拟定了责任人。

▼ 9 时到达现场，工作负责人唐某、杆上负责人石某（伤者）、成员汪某（伤者）、地勤负责人冯某、成员王某，成员陈某虽发现双溪 01 台区 04 号杆附近右侧约 0.3m 处被某工业园区因处理污水沟而开挖了一条深 1.3m、宽 1.4m 的深沟埋设管道，杆基被严重破坏（原埋深 2m 左右，其杆基右边已经被挖开 1.3m，实际埋深只有 0.7m），且因改道后双溪 01 台区 03 号杆型由原来的直路耐张杆变为耐张转角杆（转角在 5° 以内），因思想麻痹大意，施工中未打临时拉线，在未采取有效的安全技术措施的情况下，仍心存侥幸，违章登杆作业。

▶ 11 时 45 分许，施工人员在收第 3 根导线工作中，双溪 01 台区 03 号电杆因受力严重不均，向杆基被破坏方向倾倒，电杆从距杆顶约 6.8m 处断裂，人和杆同时倒地。杆上人员汪某、石某（均打有保险带）随杆跌落，恰好落在因埋设管道道路施工而开挖出的一堆松土上，现场工作人员立即将伤员进行救护并送往医院医治。

一、事故原因

（1）工作票负责人唐某对自己应负的安全责任不清，只在办公室布置工作，对该工作任务危险点的分析与控制流于形式，未在现场开工前再次结合现场勘查情况，具体分析，修正完善危险点及控制措施，并列队宣读工作班成员认可签字；未对已分析出的危险点控制措施实行监督、检查落实，未能正确安全地组织工作。这是造成该事故的重要原因。

（2）派工单工作负责人冯某、杆上负责人石某（伤者）对自己应负的安全责任不清，在发现施工现场地形发生改变时，未采取相应的安全技术措施，心存侥幸同意进行施工，没有按照危险点控制措施的要求加装临时拉线是造成这次倒杆的主要原因之一。

（3）双溪 01 台区 03 号杆的杆上工作成员汪某（伤者），安全意识淡薄，自我保护意识差，未等相应的安全防范工作完成后就上杆作业，是造成该事故的主要原因之一。

（4）工作班成员王某、陈某未能互相关心工作安全，监督危险点控制措施的实施，是造成该事故的次要原因。

二、防范措施

（1）开工前工作票负责人应再次勘察现场，完善危险点分析及控制措施，并在现场列队向工作班成员交代，并经工作班成员签字认可。

（2）工作人员攀登杆塔前，应认真检查杆根、基础、拉线是否牢固。

（3）工作负责人、现场监护应认真检查现场措施是否完备。

（4）加强安全教育培训，安全管理。

1）学习各类规程、规定，熟悉标准化安全作业程序，熟知典型违章 20 条，严格执行"三措"、主要危险点及控制措施。

2）加大反习惯性违章的力度，加强贯规贯制检查，加强施工现场的安全监察。

3）加大施工人员的现场安全、技术培训力度，努力提高施工人员的各项基本技能，安全生产培训、考核要经常化、制度化，提高职工的安全生产知识和业务技能水平。

4）彻底落实工作人员的安全责任，加强对各项安全措施的落实及考核；工程安全管理做到"严、细、实"。

5）加强《国家电网公司电力安全工作规程（配电部分）（试行）》教育培训，提高全体员工安全思想意识和安全技能，强化全体员工遵章守纪执行力，及时纠正违章，严格考核违章。

三、《国家电网公司电力安全工作规程（配电部分）（试行）》相关规定

3.2.1 配电检修（施工）作业和用户工程、设备上的工作，工作票签发人或工作负责人认为有必要现场勘察的，应根据工作任务组织现场勘察，并填写现场勘察记录（见附录 A）。

3.2.5 开工前，工作负责人或工作票签发人应重新核对现场勘察情况，发现与原勘察情况有变时，应及时修正、完善相应的安全措施。

2.1.5 作业人员应被告知其作业现场和工作岗位存在的危险因素、防范措施及事故紧急处理措施。作业前，设备运维管理单位应告知现场电气设备接线情况、危险点和安全注意事项。

3.2.3 现场勘察应查看现场检修（施工）作业需要停电的范围、保留的带电部位、装设接地线的位置、邻近线路、交叉跨越、多电源、自备电源、地下管线设施和作业现场的条件、环境及其他影响作业的危险点，并提出针对性的安全措施和注意事项。

6.2.1　登杆塔前，应做好以下工作：

……

（2）检查杆根、基础和拉线是否牢固。

1.2　任何人发现有违反本规程的情况，应立即制止，经纠正后方可恢复作业。作业人员有权拒绝违章指挥和强令冒险作业；在发现直接危及人身、电网和设备安全的紧急情况时，有权停止作业或者在采取可能的紧急措施后撤离作业场所，并立即报告。

3.2.3　现场勘察应查看现场检修（施工）作业需要停电的范围、保留的带电部位、装设接地线的位置、邻近线路、交叉跨越、多电源、自备电源、地下管线设施和作业现场的条件、环境及其他影响作业的危险点，并提出针对性的安全措施和注意事项。

3.3.12.2　工作负责人：

（1）正确组织工作。

（2）检查工作票所列安全措施是否正确完备，是否符合现场实际条件，必要时予以补充完善。

……

3.3.12.4　专责监护人：

（1）明确被监护人员和监护范围。

（2）工作前，对被监护人员交待监护范围内的安全措施、告知危险点和安全注意事项。

（3）监督被监护人员遵守本规程和执行现场安全措施，及时纠正被监护人员的不安全行为。

3.3.12.5　工作班成员：

（1）熟悉工作内容、工作流程，掌握安全措施，明确工作中的危险点，并在工作票上履行交底签名确认手续。

（2）服从工作负责人（监护人）、专责监护人的指挥，严格遵守本规程和劳动纪律，在指定的作业范围内工作，对自己在工作中的行为负责，互相关心工作安全。

（3）正确使用施工机具、安全工器具和劳动防护用品。

3.5　工作监护制度。

3.5.1　工作许可后，工作负责人、专责监护人应向工作班成员交待工作内容、人员分工、带电部位和现场安全措施，告知危险点，并履行签名确认手续，方可下达开始工作的命令。

3.5.2　工作负责人、专责监护人应始终在工作现场。

3.5.3　检修人员（包括工作负责人）不宜单独进入或滞留在高压配电室、开闭所等带电设备区域内。若工作需要（如测量极性、回路导通试验、光纤回路检查等），而且现场设备允许时，可以准许工作班中有实际经验的一个人或几人同时在他室进行工作，但工作负责人应在事前将有关安全注意事项予以详尽的告知。

3.5.4　工作票签发人、工作负责人对有触电危险、检修（施工）复杂容易发生事故的工作，应增设专责监护人，并确定其监护的人员和工作范围。

专责监护人不得兼做其他工作。专责监护人临时离开时，应通知被监护人员停止工作或离开工作现场，待专责监护人回来后方可恢复工作。专责监护人需长时间离开工作现场时，应由工作负责人变更专责监护人，履行变更手续，并告知全体被监护人员。